BEI GRIN MACHT SICH IHR WISSEN BEZAHLT

AF141642

- Wir veröffentlichen Ihre Hausarbeit,
  Bachelor- und Masterarbeit

- Ihr eigenes eBook und Buch -
  weltweit in allen wichtigen Shops

- Verdienen Sie an jedem Verkauf

Jetzt bei www.GRIN.com hochladen und kostenlos publizieren

David Abend

Baumdetektive. Wie heißt der Baum? (Klasse 5, Real-schule)

Ökosystem Wald

GRIN Verlag

Bibliografische Information der Deutschen Nationalbibliothek:

Die Deutsche Bibliothek verzeichnet diese Publikation in der Deutschen National-
bibliografie; detaillierte bibliografische Daten sind im Internet über http://dnb.d-
nb.de/ abrufbar.

Impressum:

Copyright © 2013 GRIN Verlag GmbH
Druck und Bindung: Books on Demand GmbH, Norderstedt Germany
ISBN: 978-3-656-85294-0

Dieses Buch bei GRIN:

http://www.grin.com/de/e-book/283600/baumdetektive-wie-heisst-der-baum-klasse-
5-realschule

GRIN - Your knowledge has value

Der GRIN Verlag publiziert seit 1998 wissenschaftliche Arbeiten von Studenten, Hochschullehrern und anderen Akademikern als eBook und gedrucktes Buch. Die Verlagswebsite www.grin.com ist die ideale Plattform zur Veröffentlichung von Hausarbeiten, Abschlussarbeiten, wissenschaftlichen Aufsätzen, Dissertationen und Fachbüchern.

Besuchen Sie uns im Internet:

http://www.grin.com/

http://www.facebook.com/grincom

http://www.twitter.com/grin_com

Zentrum für schulpraktische Lehrerausbildung

Seminar für das Lehramt an Haupt-, Real- und Gesamtschulen

Unterrichtsentwurf
für den 4. Unterrichtsbesuch
im Fach Biologie

Thema der Unterrichtsstunde:

Baumdetektive – Wie heißt der Baum?

Vorgelegt von:

Schule:

Schulleiter:

ABB:

Mentor:

Klasse: 5

Datum: 08.10.2013

Zeit: 1. Stunde, 8:00 – 8:45 Uhr

Raum: Fachraum Biologie

Fachleiterin:

Kernseminarleiterin:

Inhaltsverzeichnis

1 Längerfristige Unterrichtszusammenhänge

1.1 Thema und Aufbau des Unterrichtsvorhaben

Lebensräume im Schulumfeld - wir lernen diese kennen.

Innerhalb der Unterrichtsreihe „Lebensräume im Schulumfeld" setzen sich die Schülerinnen und Schüler[1] mit den Pflanzen und Tiere aus ihrem direkten Umfeld auseinander und erforschen, wie diese an bestimmte Lebensbedingungen angepasst sind. Zudem erkunden sie das Schulumfeld und lernen dieses kennen.

1.2 Aufbau der Unterrichtsreihe

Unterrichts- stunde	Thema der Stunde
1. Stunde	Wir beschreiben eine Pflanze – Anhand einer Blütenpflanze beschreiben die SuS den Aufbau von Pflanzen in Partnerarbeit.
2. Stunde	Welche Arten von Pflanzen gibt es? – Mit Hilfe von Beispielen aus der Natur werden die Unterschiede zwischen Baum, Strauch und Kräutern erarbeitet.
3. Stunde	Was wächst denn da in der Fuge? – Die SuS benennen verschiedene Trittpflanzen mithilfe von Pflanzenkarten in Partnerarbeit.
4. Stunde	Wir werden Baumdetektive – Besonderheiten von Blättern werden in Partnerarbeit erforscht und zugeordnet.
5. Stunde	Baumdetektive – Wie heißt der Baum? - In Partnerarbeit werden Bäume anhand ihrer Blätter bestimmt und Wissenswertes über diese Arten erarbeitet.
6. Stunde	Wir erkunden den Schulhof – Die SuS machen sich mit dem Schulhof vertraut und forschen in Kleingruppen, welche Pflanzen auf dem Schulhof vorkommen.
7. Stunde	Was haben wir gefunden? – Die SuS präsentieren in Kleingruppen ihre Ergebnisse mit Hilfe von Fotos und Videos.

---

[1] Im weiteren Verlauf SuS abgekürzt.

1.3 Kompetenzorientierte Lernzielschwerpunkte

Im Mittelpunkt der Unterrichtsreihe steht die Angepasstheit von Pflanzen und Tieren an verschiedene Lebensräume im Schulumfeld, die die SuS am Anfang der fünften Klasse in Partnerarbeit und Kleingruppen erforschen sollen. Damit sich die Lerngruppe noch besser kennenlernen kann, werden kooperierende Arbeitsweisen (Partnerarbeit, Kleingruppe) eingesetzt. Die SuS sollen dabei ihre Partner selbst wählen dürfen, da sie sich untereinander noch nicht so gut kennen. Der frühe Kontakt mit dem Lebendigen soll die SuS sensibilisieren, mit der Natur sorgsam und respektvoll mit dieser umzugehen. Verschiedene biologische Arbeitsweisen kommen schon früh zum Einsatz, um die SuS für eine erforschende und selbstständige Arbeitsweise zu motivieren.

Durch die Vermittlung von Artenkenntnissen in konkreten Lebensräumen sollen die SuS ihr Umfeld bewusst wahrnehmen und die dort vorkommenden Tiere und Pflanzen kriteriengeleitet ordnen bzw. systematisieren können. Anhand von einfachen Experimenten, Objekten aus der Natur und Modellen erarbeiten die SuS neue Informationen, wobei sie lernen, Sachverhalte neu zu strukturieren und durch Wissensverknüpfungen neues Wissen zu entwickeln. Mit Beginn der fünften Klasse sollen die SuS lernen, Sachverhalte zu ordnen und zu strukturieren, indem sie sich mit Problemfragen (Hypothesenbildung) auseinandersetzen. Diese Herangehensweise zur Erschließung von neuen Informationen soll innerhalb der Unterrichtsreihe gefestigt werden. Dieses SuS sollen lernen, ihr Umfeld bewusst wahrzunehmen, es zu erkunden und gemeinsam Lösungen für eventuelle Fragen zu finden.

1.4 Lerngruppe

Die Lerngruppe der Klasse 5 besteht aus 23 Schülern, die sich aus neun Mädchen und 14 Jungen zusammensetzt. Die Lerngruppe besteht seit Beginn des Schuljahres und kennt sich untereinander noch nicht sehr gut. Im Vergleich zu den anderen SuS der Klasse fünf an dieser Schule sind die SuS dieser Lerngruppe am Fach Biologie sehr interessiert und der Leistungsstand ist als stark anzusehen. In der Mitarbeit unterscheiden sich die SuS aber sehr. Einige Kinder müssen häufig intensiv in das Unterrichtsgeschehen miteingebunden werden, da es sonst passieren kann, dass sie nicht mehr aktiv am Unterrichtsgeschehen teilnehmen. Zwischen einzelnen SuS gibt es innerhalb der Klasse immer noch kleinere Konflikte, da sich die Kinder untereinander erst besser kennenlernen müssen. Viele Kinder benötigen häufig noch zusätzliche Aufmerksamkeit durch die Lehrperson, was im Laufe des Schuljahres weiterhin vermindert werden soll.

1.5 Lernvoraussetzungen und Konsequenzen

Der Biologieunterricht findet jeweils dienstags in der zweiten Stunde (8:45- 9:30 Uhr) im Biologieraum und donnerstags in der fünften Stunde (11:40-12:25 Uhr) in einem normalen Klassenraum statt. Sind die SuS im Fachraum Biologie, wird dieser genutzt, um die Kinder in einer fachspezifischen Umgebung mit biologischen Arbeitsweisen vertraut zu machen. Aufgrund der Tischanordnung lassen sich hier allerdings keine größeren Gruppenarbeiten durchführen. Dies ist aber nicht weiter von Bedeutung, da die SuS zunächst die Partnerarbeit und Kleingruppenarbeit kennenlernen sollen. Da die Lerngruppe erst seit einigen Wochen besteht, sind noch nicht alle Lerneigenschaften der SuS bekannt, so dass dies immer bei der Planung der Unterrichtsstunden berücksichtigt werden muss. Daher ist es wichtig, didaktische Reserven für schnelle Kinder und Hilfsangebote für leistungsschwächere SuS bereitzuhalten. Außerdem haben die SuS noch keine Gruppenarbeiten durchgeführt und müssen an diese erst noch herangeführt werden. Die Partnerarbeit soll sie auf diese vorbereiten.

In den ersten Biologiestunden haben die SuS eine Mindmap zum Themenbereich Biologie erstellt und sich mit dem Kennzeichen des Lebendigen beschäftigt. Anhand dieser Merkmale wurde besprochen, dass Pflanzen Lebewesen sind und dies mithilfe der Mimosen überprüft. An diesen Themenbereich schließt sich das nun folgende Unterrichtsvorhaben „Lebensräume im Schulumfeld" an.

1.6 Überlegungen zur Sachstruktur

In der Unterrichtsreihe „Lebensräume im Schulumfeld" lernen die SuS das faszinierendste Phänomen des Lebendigen kennen, die Vielfalt der Formen. Damit lebendige Dinge zunächst erkannt werden können, lernen die SuS die Kennzeichen des Lebendigen zunächst kennen. Mithilfe dieser Kennzeichen können sie belebte von nicht belebten Dingen unterscheiden. Die Natur hat eine Vielzahl von beeindruckenden Phänomen zu bieten, die die SuS in diesem Alter schon selbstständig hinterfragen. Innerhalb der Unterrichtsreihe kann auf eine Vielzahl von Fragen der SuS eingegangen werden, auch wenn diese nicht zum direkten Kontext der Unterrichtsreihe gehören. Der Lernort Schulhof kann im Gegensatz zu außerschulischen Lernorten jederzeit mit in den Unterricht einbezogen werden und kann somit immer wieder neue Impulse für den Biologieunterricht liefern. Durch das Erforschen des Schulgeländes kann bereits in der Jahrgangsstufe fünf ein hohes Maß an Identifikation mit diesem erreicht werden. Damit wird nicht nur die Natur geschützt, sondern auch ein soziales Verhalten (respektvoller Umgang mit der Natur, Müllvermeidung, usw.) gefördert. Viele Kinder haben heutzutage keinen direkten Bezug mehr zur Natur. Dieser soll innerhalb der Unterrichtsreihe gefördert und die Notwendigkeit für Natur- und Artenschutz erfahren werden.

1.7 Curriculare Legitimation

In den Kernlehrplänen des Landes NRW für die Sekundarstufe 1 an den Realschulen ist das Thema „Lebensräume im Schulumfeld" im Inhaltsfeld Tiere und Pflanzen in Lebensräumen (1) zu finden. Inhaltliche Schwerpunkte stellen dabei die Vielfalt von Lebewesen und der Naturschutz dar. Aus den Kernlehrplänen geht auch hervor, dass die SuS Dinge bewusst wahrnehmen und Phänomene nach vorgegebenen Kriterien beobachten bzw. beschreiben sollen. Dies dient als Grundlage für spätere Deutungen von biologischen Aspekten (E2). Im schulinternen Lehrplan für die Klasse fünf kann das Thema im Kontextthema Tiere und Pflanzen in der Umgebung eingeordnet werden.

1.8 Didaktischer Leitgedanke und Intention

Im Mittelpunkt der Unterrichtsreihe steht aus didaktischer Sicht zum einen das Erlernen und Üben des Arbeitens in der Gruppe und die Herangehensweise an biologische Sachverhalte. Aus lernpsychologischer Sicht ist es besser, wenn SuS selbstständig im Unterricht handeln, da das erarbeitete Wissen dann besser verstanden und behalten wird. Damit die SuS selbstständig handeln können, muss ihnen im Unterricht auch die Möglichkeit dazu gegeben werden. Als Vorstufe zur

Gruppenarbeit dient die Partnerarbeit, die vorrangig in der Unterrichtsreihe eingesetzt und erlernt wird. Dadurch wird ein individuelles Arbeitstempo, eine mögliche Kooperation der Lernenden untereinander ermöglicht und so soziale Verhaltensweisen entwickelt. Dabei kommen einzelne biologische Arbeitstechniken wie Beobachten, Untersuchen, Vergleichen zum Einsatz, die später in komplexeren Zusammenhängen benötigt werden. Wichtig für die SuS ist es, bei Partnerarbeit eine klare Aufgabenstellung zu haben, damit sie gemeinsam an dieser Aufgabe arbeiten können. Vorrangig kommen hier arbeitsgleiche Partnerarbeiten zum Einsatz. In der Unterrichtsreihe werden reale Objekte aus der Natur betrachtet und untersucht. Am Anfang der Klasse fünf werden Pflanzen thematisiert, weil diese häufig von den SuS nicht als Lebewesen wahrgenommen werden. Außerdem lassen sich mit diesen eine Vielzahl für die Schüler spannende und motivierende Experimente durchführen. Als Grundlage wird zunächst das Beobachten und Vergleichen mit den SuS geübt.

Anhand der äußeren Form von Laubblättern von Bäumen und Sträuchern können diese verschiedenen Kategorien zugeordnet werden. Durch das genaue Betrachten der Blätter, vor allem des Blattrandes, der Blattspreite und des Blattstieles können Baum-Bestimmungsschlüssel einsetzt und somit eine Vielzahl an unterschiedlichen Formen erkannt werden. Die Grundkenntnis von der Vielfalt der Arten ist eine wichtige Voraussetzung, um die Entwicklung des Lebens auf der Erde zu verstehen. Außerdem dient sie als Grundlage für die Vorstellung von wechselseitigen Abhängigkeiten der Organismen untereinander. Die enge Beziehung zwischen Organismen und ihrer Umwelt wird in jeder Angepasstheit deutlich. Dies zeigt sich in den unterschiedlichsten Erscheinungsformen der Organismen. Das Kennenlernen der Namen verschiedener pflanzlicher Organismen sowie die Einordnung in ein System hat in der Biologie eine lange Tradition. Durch die Namen einer Pflanze ergibt sich auch immer eine Vorstellung zum Erscheinungsbild, den Lebensbedingungen, den Standortfaktoren und der Vergesellschaftung mit anderen Lebewesen. Aufgrund der Formvielfalt des Lebens ist die Biologie darauf angewiesen, Grundphänomene des Lebendigen exemplarisch an einzelnen Arten darzulegen. Dabei ist es wichtig, dass verschiedene Arten miteinander verglichen werden, um Gemeinsamkeiten und Unterschiede herauszustellen.

1.9 Methodische Begründungszusammenhänge

Innerhalb der Unterrichtsreihe verfolge ich den Planungsansatz nach dem Prinzip des kooperativen Lernens. Das Unterrichtskonzept des kooperativen Lernens basiert auf dem Prinzip, dass jeder SuS aktiviert wird. Lernen ist nach Roth (2006) ein aktiver Prozess der Bedeutungserzeugung, der individuell sehr unterschiedlich verläuft. Menschen haben verschiedene Lern- und Gedächtnisstrukturen: Einer lernt am besten durch Zuhören, der andere durch Anschauen, ein dritter lernt, indem er selbst handelt. Die unterschiedlichen Lernvoraussetzungen und -bedürfnisse können durch verschiedene Lernformen gefördert werden. Damit diese verschiedenen Lernformen auch im Unterricht eingesetzt werden können, müssen zunächst die Grundlagen hierfür geschaffen werden. Im bisherigen Unterricht wurden hauptsächlich Partnerarbeiten durchgeführt, bei denen der Partner meist der Sitznachbar war. Dadurch wurde den SuS ermöglicht in einem individuellen Arbeitstempo zu arbeiten und soziale Verhaltensweisen zu entwickeln. Im weiteren Verlauf werden nun die Partner gewechselt und gegebenenfalls durch die Lehrperson festgelegt, damit weitere soziale Verhaltensweisen eingeübt werden können.

1.10 Überprüfung des Lern- und Kompetenzzuwachses

In der Unterrichtsreihe wird der Lern- und Kompetenzzuwachs der SuS auf unterschiedliche Art und Weisen überprüft. Zum einen wird immer wieder im Verlauf des Unterrichts das Gelernte durch Sicherung mit Hilfe von Arbeitsblättern überprüft. Zum anderen gibt es zu Anfang einzelner Stunden oftmals eine kurze Fragerunde, die das Gelernte der vorausgegangenen Stunde wiederholt und überprüft. Bei diesen Fragerunden werden die SuS, die antworten sollen, durch ein jeweils gewähltes Zufallsprinzip ausgesucht.

Darüber hinaus wird der Lern- und Kompetenzzuwachs der SuS am Ende der Unterrichtseinheit durch eine Kurzabfrage in schriftlicher Form überprüft.

2 Unterrichtsstunde

2.1 Thema der Unterrichtsstunde

Baumdetektive – Wie heißt der Baum?

2.2 Lernzielschwerpunkte der Unterrichtsstunde

Die SuS identifizieren in Partnerarbeit mithilfe eines Bestimmungsschlüssels Laubblätter.

Indikatoren:

Die SuS…

- … betrachten und untersuchen die Blätter.
- … ordnen den Blättern die richtigen Baumnamen zu.
- … beschreiben die Blätter und nutzen den Bestimmungsschlüssel.
- … erlernen und üben das Arbeiten in Partnerarbeit.

2.3 Konkretisierungen zur Lerngruppe und Lernvoraussetzungen

Die SuS haben verschiedene Erscheinungsformen der Blätter kennengelernt und können die mithilfe Ihrer Unterlagen auch unterscheiden. Sie haben bei den Trittpflanzen das Betrachten und Untersuchen von biologischen Abbildungen und realen Objekten geübt. Dies muss in der heutigen Stunde aber weiterhin eingeübt werden. Der allgemeine Aufbau von Samenpflanzen wurde besprochen und sie können grundlegende Merkmale von Pflanzen benennen. Die allgemeinen Aufgaben von Wurzel, Sprossachse, Blättern und Blüten wurde noch nicht im Unterricht thematisiert. Auch die Verfärbungen, die vorwiegend im Herbst auftreten und die bei einem Teil der Blätter vorkommen können, wurden ebenfalls noch nicht erörtert. In der heutigen Unterrichtsstunde, dürfen die SuS ihre alten Materialien aus den vergangenen Stunden zur Hilfe benutzen. Die heutige Stunde finde nicht in der regulären Zeit statt, sondern eine Schulstunde früher. Dies sollte für die SuS allerdings keine Probleme darstellen, zumal sie dienstags ohnehin Biologie als Unterrichtsfach hätten.

2.4   Überlegungen zur Sache

Blätter, vor allem von Bäumen und Sträuchern, lassen sich anhand der äußeren Form in verschiedene Kategorien einteilen. Diese Pflanzen sollen anhand von einfachen Merkmalen wie Blattgestalt, Blattrand und Blattform mithilfe eines Bestimmungsschlüssels bestimmt werden. Im Mittelpunkt der Unterrichtsstunde stehen die verschiedenen Formen der Blätter von Bäumen und Sträuchern. Als Anpassung an besondere Lebensräume haben Pflanzen auch zahlreiche besondere Blattformen entwickelt. Anhand dieser Blattform können viele Pflanzen bestimmt werden. Es gibt verschiedene Blätter, die nur aus einem Teil bestehen, und solche, bei denen mehrere Teilblätter an einem Blattstiel sitzen. Diese werden auch als zusammengesetzte Blätter bezeichnet. Die verschiedenen Blattformen werden meist nach der geometrischen Form bezeichnet, wobei am häufigsten ein Baumblatt eiförmig, rund, dreieckig oder herzförmig ist.

Von unpaarig gefiederten Blättern spricht man, wenn am Ende einer symmetrischen Blattreihe ein einzelnes Blatt sitzt. Fehlt dieses Endblatt, gilt es als paarig gefiedert. Teilblätter, die wie beim Kastanienblatt von einem zentralen Punkt ausgehen, werden als handförmig bezeichnet. Von einem fußförmigen Blatt spricht man, wenn nicht alle Teilblätter einem zentralen Punkt entspringen.

Ein weiteres Charakteristikum ist der Rand des Blattes. Blätter sind selten vollkommen glattrandig. Meist sind sie gezahnt wie bei der Linde oder gesägt wie bei der Buche. Typische Vertreter der gebuchteten oder gelappten Blätter liefert die Eiche. Auch die Blattstellung am Zweig ist ein Merkmal zur Arterkennung. Stehen die Blätter in regelmäßigem Abstand symmetrisch auf beiden Seiten des Astes, wird die Belaubung gegenständig genannt. Sind die Blätter abwechselnd rechts und links vom Ast angeordnet, heißt das wechselständig.

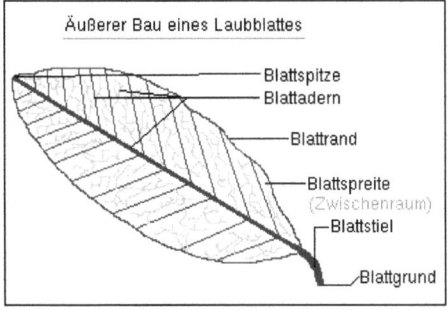

2.5 Didaktische Überlegungen

Überall im Schulumfeld und auch im häuslichen Umfeld der SuS kann bei genauerem Hinsehen Vielfalt beobachtet werden. Dies kann aber nur wahrgenommen werden, wenn man hinschaut. Schaut man genauer hin, kann entlang des Schulwegs oder auf dem Schulhof eine Vielzahl von Pflanzen entdeckt werden. Damit diese Pflanzen auch bestimmt werden können, gibt es eine Vielzahl an Bestimmungsbüchern, in denen man die konkreten Namen der Pflanzen (oder Tiere) nachschlagen kann. Bei vielen Arten reicht zur Bestimmung ein bebildertes Bestimmungsbuch, allerdings geht die Bestimmung mithilfe eines Bestimmungsschlüssels viel schneller. Da solche Bestimmungsschlüssel nicht nur bei Pflanzen weiterhelfen, sondern auch bei einer Vielzahl von anderen Lebewesen, wird der Einsatz schon früh durch die SuS geübt. Beim Untersuchen der arttypischen Merkmale kommen Pinzette und Lupe zum Einsatz, die bei vielen anderen biologischen Arbeitsweisen ebenfalls gebraucht werden. Das genaue Untersuchen, Betrachten und Protokollieren der erkannten Merkmale der Blätter hilft den SuS bei der Bestimmung ihrer Blätter in der Unterrichtsstunde. Auf motivierende Art und Weise lernen sie biologische Arbeitsweisen und forschen selbst.

Durch die Systematisierung gelingt es die Fülle an Pflanzen zu ordnen. Die SuS lernen durch die Untersuchung der Arten in der Unterrichtsstunde verschiedene wissenschaftliche Verfahren zur Erkenntnisgewinnung kennen. Dadurch werden sie befähigt typische Merkmale, die später bei der Systematik der Pflanzen wichtig sind, zu erkennen. Durch den Vergleich von morphologischen Merkmalen der Pflanzen können Ähnlichkeiten erkannt und somit Verwandtschaftsbeziehungen erschlossen werden. Dies dient als Grundlage für eine Vorstellung zur Entstehung und Bedeutung der Taxonomie. Im Zusammenhang mit dem Naturschutz spielt die Vermittlung von Artenkenntnissen eine wichtige Rolle, da immer mehr Arten auch aus unserer direkten Umgebung aussterben. Dies geht aus einer Studie von J. Mayer aus dem Jahre 1992 hervor, die belegt, dass eine erhöhte Artenkenntnis zu einem aufgeklärteren Naturverständnis und einer erhöhten Wertschätzung der Natur beiträgt.

Außerdem haben Kinder und Jugendliche das Bedürfnis, alle sie umgebenden Dinge mit Namen zu benennen - was man kennt, nimmt man auch bewusster war. Dies fördert auch den Aufbau einer emotionalen Beziehung zur belebten Natur.

Die Lerngruppe der Klasse 5 ist eine sehr heterogene Gruppe, so dass den verschiedenen Arbeitsweisen Rechnung getragen werden muss. Den SuS werden verschiedene Arbeitsblätter ausgeteilt, da die Kinder in der Klasse unterschiedlich schnell arbeiten, sie aber dennoch zu einem gemeinsamen Ziel kommen sollen (vgl. 2.6 Methodische Überlegungen). Aufgrund des unterschiedlichen Arbeitstempos gibt es Lösungskarten, die sich die Kinder während der Arbeitsphase beim LAA abholen können um eine Zwischensicherung durchführen zu können. Auch liegen Blätter bereit, die die SuS nutzen können, falls sie Probleme beim Zeichnen haben oder dies zu lange dauert. In diesem Fall können sie die bereit gelegten Bilder einkleben. Neben dieser qualitativen Unterscheidung erfolgt auch eine quantitative Unterscheidung für die SuS(vgl. 2.6 Methodische Überlegungen).

2.6   Methodische Überlegungen

Das vorrangige Ziel in der Unterrichtsstunde ist es, dass die SuS in Partnerarbeit Pflanzen aus ihrer Umgebung entdecken und mittels einfacher Erkenntnishilfen identifizieren. Damit das Naturobjekt für sie auch noch eine Bedeutung erhält, ist es wichtig, dass sie über dieses noch etwas Bedeutsames erfahren. Geschieht dies nicht, verlieren SuS schnell das Interesse am Bestimmen und die Namen geraten schnell in Vergessenheit.

Zu Beginn der Stunde werden die SuS begrüßt und ich gebe einen kurzen Überblick mithilfe einer Folie, womit für die SuS die Stundentransparenz hergestellt wird. Sie ermöglicht den SuS eine Orientierung und die Transparenz der Stunde.

- Einige SuS brauchen noch sehr lange beim Zeichnen, deshalb können diese SuS Abbildungen von den Blättern einkleben und zeichnen diese nicht.
- SuS bekommen ein Arbeitsblatt, das schon vollständig ausgefüllt ist, zur Eiche oder füllen es selbst mit Hilfe der Folie aus.
- Die SuS arbeiten unterschiedlich schnell und erarbeiten daher eine unterschiedliche Anzahl an Blättern.
- Damit die SuS ihre Arbeitsschritte überprüfen können, liegen Arbeitsblätter mit Lösungen für sie bereit die sie selbstständig nutzen können
- Am Ende der Stunde werden exemplarisch drei Blätter besprochen, damit eine Ergebnissicherung stattfindet.
- Sollten einzelne Blätter während der Stunde nicht Besprochen werden können, wenn diese beim Unterrichtsgang auf dem Schulhof thematisiert.

3 Stundenverlaufsplan

Phase	Zeit	Unterrichtsgeschehen	Sozialform/Medien	Didaktischer Kommentar
•Begrüßung	•ca. 2 Min.	•LAA begrüßt SuS und stellt Gäste vor.	•Plenum	•Stundenbeginn wird signalisiert. •Auflockerung der Besuchssituation.
•Einstieg	•ca. 7 Min.	•LAA zeigt den SuS eine Abbildung einer Eiche – „Wie können wir herausfinden, wie der Baum heißt? (Alternativ: Was müssten wir tun, um dies heraus zu finden?) •Blatt der Eiche wird präsentiert und nun die gleiche Frage gestellt? •SuS wird ein einfacher Bestimmungsschlüssel gezeigt und anhand des Eichenblattes durchlaufen. •Bekanntgabe des Stundenablaufs.	•LuS-Gespräch •Overhead-Projektor •Bild des Blattes der Eiche •Eichenblätter •Tafel •Bestimmungs-schlüssel	•Motivation der SuS. •Anhand von Blättern lassen sich die größten Bäume bestimmen. •Zieltransparenz herstellen.
•Hinführung zur Erarbeitungs-phase	•ca. 4 Min.	•Bekanntgabe der Arbeitsaufträge für die Partnerarbeit. •SuS holen sich die Arbeitsblätter und Materialen ab. •Klärung von Verständnisfragen.	•Plenum •Arbeitsblätter	•Zusammenarbeit mit dem Sitznachbar.
•Erarbeitungs-phase I	•ca. 17 Min.	•SuS bestimmen selbstständig 2 Blätter mit Hilfe des Bestimmungsschlüssels. (Blätter werden durch den LAA festgelegt.) •Kontrolle der Ergebnisse erfolgt mit den Lösungskarten, die sich die SuS beim LAA abholen können.	•Kleingruppen •Arbeitsblätter •Verschiedene Blätter	•SuS sollen in PA die Blätter bestimmen. •Didaktische Reserve: Anfertigung weiterer Blättersteckbriefe mit unterschiedlichen Schwierigkeitsstufen
•Aufräumphase	•ca. 3 Min.	•Die SuS räumen ihre Plätze auf und bringen die benötigten Materialien zurück zur Sammelstelle.	•Kleingruppen	•SuS sollen in PA ihren Arbeitsplatz wieder in Ordnung bringen. •Damit die SuS nicht von Material bei der Abschlussreflexion abgelenkt werden, wird zuvor der Arbeitsplatz aufgeräumt.

14

| Abschluss-reflexion | • ca. 7 Min. | • Sicherung der Ergebnisse - Die Anfangsfrage wird noch einmal gestellt und der Weg mit Hilfe des Bestimmungsschlüssels zusammen nachverfolgt. (LAA zeigt den SuS verschiedene Blätter, die diese benennen.)
• SuS gehen auf die Äußerungen ihrer Mitschüler/innen ein.
• LAA gibt ein Feedback zur Stunde und verabschiedet die SuS. | • Plenum
• Folien
• Overhead-Projektor | • LAA stellt Fragen zur Unterrichtstunde.
• SuS üben das Präsentieren von Ergebnissen.
• LAA bekommt eine Rückmeldung über den Wissensstand der SuS. |

4 Literatur und Quellennachweis

a) CAMPBELL u. REECE: Biologie. Sprektrum 6 Auf., Berlin 2003.

b) ECKEBRECHT u. KLUGE: Prisma Biologie S1 – Experimente Sammlung. Ernst Klett Verlag, Stuttgart 2007.

c) KILLERMANN, HIERING u. STAROSTA.: Biologieunterricht heute. Eine moderne Fachdidaktik. 11. Auf., Auer Verlag, Donauwörth 2005.

d) Ministerium für Schule und Weiterbildung des Landes Nordrhein-Westfalen, Kernlehrplan für die Realschule in Nordrhein-Westfalen. Biologie 2013.

e) RAVEN: Biologie der Pflanzen. 4. Auflage, Berlin 2006.

f) Schuleigener Lehrplan Biologie der Realschule.

g) SPÖRHASE u. RUPPERT: Biologiedidaktik. Praxisbuch für die Sekundarstufe I und II. Cornelson Scriptor, Berlin 2006.

h) http://www.haubiw.webclient4.de/E-Bibliotek/E-Bibliotek/Biologie/Bio/ laubblatt.jpg (Zugriff am 03.10.2013)

Plakate der Stunde:

Stundenziel:

Baumdetektive – Wie heißt der Baum?

Stundenablauf:

1. Ablauf der Stunde
2. Besprechung der Untersuchungen
3. Bestimmung der Blätter
4. Abschlussgespräch

Eingesetzte Fremdbilder:

	Blatt der Eiche http://www.baumkunde.de/pics/gr/ 0001pic_blatt_gr.jpg
	Eichenbaum http://upload.wikimedia.org/wikipedia/ commons/9/9d/Reither_Eiche.jpg